essentials

Essentials liefern aktuelles Wissen in konzentrierter Form. Die Essenz dessen, worauf es als „State-of-the-Art" in der gegenwärtigen Fachdiskussion oder in der Praxis ankommt. Essentials informieren schnell, unkompliziert und verständlich

– als Einführung in ein aktuelles Thema aus Ihrem Fachgebiet
– als Einstieg in ein für Sie noch unbekanntes Themenfeld
– als Einblick, um zum Thema mitreden zu können.

Die Bücher in elektronischer und gedruckter Form bringen das Expertenwissen von Springer-Fachautoren kompakt zur Darstellung. Sie sind besonders für die Nutzung als eBook auf Tablet-PCs, eBook-Readern und Smartphones geeignet.

Essentials: Wissensbausteine aus Wirtschaft und Gesellschaft, Medizin, Psychologie und Gesundheitsberufen, Technik und Naturwissenschaften. Von renommierten Autoren der Verlagsmarken Springer Gabler, Springer VS, Springer Medizin, Springer Spektrum, Springer Vieweg und Springer Psychologie.

Bernd Schröder

Steuerungstechnik für Ingenieure

Ein Überblick

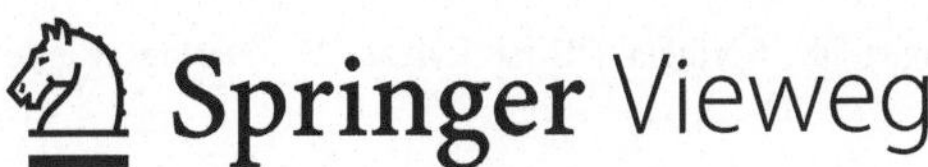

Dr.-Ing. Bernd Schröder
Aalen
Deutschland

ISSN 2197-6708 ISSN 2197-6716 (electronic)
ISBN 978-3-658-06642-0 ISBN 978-3-658-06643-7 (eBook)
DOI 10.1007/978-3-658-06643-7

Die Deutsche Nationalbibliothek verzeichnet diese Publikation in der Deutschen Nationalbibliografie; detaillierte bibliografische Daten sind im Internet über http://dnb.d-nb.de abrufbar.

Springer Vieweg
© Springer Fachmedien Wiesbaden 2014

Springer Vieweg ist eine Marke von Springer DE. Springer DE ist Teil der Fachverlagsgruppe Springer Science+Business Media
www.springer-vieweg.de

Vorwort

Dieses Werk ist ein Auszug aus „Springer Ingenieurtabellen" von Ekbert Hering und Bernd Schröder. Dieses Buch hat sich mit seinen Praxis-Tabellen als Ergänzung zu „Hütte Das Ingenieurwissen" bewährt. Das Werk wendet sich an Studierende und Ingenieure.

Die Steuerungstechnik (Kybernetik, griechisch, „Steuermannskunst") beschreibt technische Systeme bezüglich ihrer Steuerungsmechanismen. Sie schafft die Möglichkeit, einen vorgesehenen Ablauf in selbstarbeitenden und automatisierten Prozessen durch Betätigung entsprechender Vorrichtungen zu erzwingen. Ausführende Elemente arbeiten mechanisch, pneumatisch, hydraulisch, elektrisch oder elektronisch. Hierzu dienen Ventile, Pumpen, Motore aber auch Schalter, Sensoren und Relais, welche in entsprechenden Schemata als Symbole dargestellt werden. Wenn nur die Verknüpfungen interessieren, sind logische Schemata nützlich.

Für festgelegte Bewegungsabläufe dienen sequenzielle Schaltungen. Sollen die Abläufe leicht veränderbar sein, bietet sich heute die speicherprogrammierbare Steuerung (SPS) an.

Was Sie in diesem Essential finden können

- Symbole der Steuerungstechnik
- Erstellen von Steuerungsschemata
- Sequenzielle Schaltung
- Speicherprogrammierbare Steuerung (SPS)

Inhaltsverzeichnis

1 Einleitung 1

2 Steuerungstechnik 3
   2.1   Allgemeines 3
   2.2   Symbole 4
   2.3   Schemata 10
   2.4   Sequenzielle Schaltungen 11
   2.5   Speicherprogrammierbare Steuerung (SPS-Technik) 13

Was Sie aus diesem Essential mitnehmen können 23

Literatur 25

Einleitung 1

Eine heute jederzeit erlebte Steuerung ist im Straßenverkehr die Ampelanlage. Nach vorgegebenen Zeitintervallen schalten die Ampeln einer Kreuzung von Grün auf Rot und wieder auf Grün. In manchen Fällen wird die Schaltung durch im Boden eingebrachte Induktionsschleifen beeinflusst. Dann ergibt sich der Übergang von der Steuerung zur Regelung. In ähnlicher Weise kann durch ein Heizungsventil die Temperatur eines Raumes gesteuert werden. Ist in dem Ventil ein Thermostat implementiert, handelt es sich wieder um eine Regelung.

Bereits in den frühen Jahren der Menschheitsgeschichte erlegten unsere Vorfahren Tiere durch Fallen. Das Tier löste einen Mechanismus aus und wurde dadurch zur Beute des Fallenstellers. Auch die landwirtschaftlichen Bewässerungsanlagen der Frühzeit sind unter die Steuerungen zu zählen, in der Antike dann die Wasseruhren, später die mechanischen Uhren.

In der heutigen Zeit verwendet man die Steuerungstechnik vor allem, um selbständige, automatisierte Prozesse ablaufen zu lassen.

© Springer Fachmedien Wiesbaden 2014
B. Schröder, *Steuerungstechnik für Ingenieure,* essentials,
DOI 10.1007/978-3-658-06643-7_1

Steuerungstechnik 2

2.1 Allgemeines

Steuerungstechniken Sie werden in selbstarbeitenden und automatisierten (Produktions-) Prozessen genutzt und umfassen:

- logisches Einsetzen von Schaltvorgaben;
- logisches Verarbeiten von Signalen aus dem Prozess;
- Geben von Kommandos gemäß dem Prozess;
- Antrieb (pneumatisch, elektrisch, hydraulisch).

Die *digitale Steuerung* eines Prozesses verläuft gemäß einer logischen Schaltung von Programmen und arbeitet mit Hilfe von digitalen Signalen. Die Steuerung kann mit pneumatischen, elektrischen (Relais) oder elektronischen Komponenten ausgeführt werden oder mit einer speicherprogrammierbaren Steuerung (SPS).

Normen Die wesentlichsten Normen auf diesem Gebiet sind:
DIN 1319 Grundbegriffe der Messtechnik
DIN 19226-1/5 Leittechnik; Regelungstechnik und Steuerungstechnik; Begriffe.
DIN 19237 Steuerungstechnik; Begriffe
DIN 19239 Speicherprogrammierbare Steuerungen; Programmierung
DIN 40719-6. . . ; Regeln für Funktionspläne

© Springer Fachmedien Wiesbaden 2014
B. Schröder, *Steuerungstechnik für Ingenieure*, essentials,
DOI 10.1007/978-3-658-06643-7_2 3

Tab. 2.1 Anschlusskodierungen
von pneumatischen Ventilen

Anschluss	Bisheriger Buchstabencode	Neuer Zifferncode (ISO)
Speisung	P	1
Ausgänge	A; B	2; 4
Entlüftung	R; S	3; 5
Steuerluft	z; y	12; 14

2.2   Symbole

In der Steuerungstechnik sind von Belang:

* pneumatische und hydraulische Symbole (siehe Tab. 2.1; Abb. 2.1 und 2.2);
* logische Symbole der Informatik;
* elektrotechnische und elektroinstallationstechnische Symbole (Abb. 2.3).

Pneumatische und hydraulische Symbole

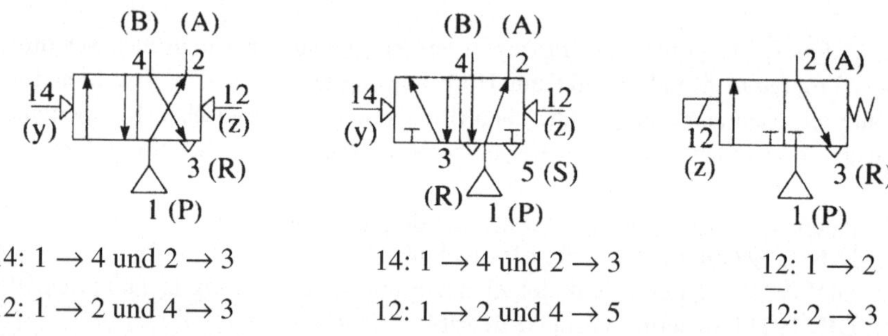

Abb. 2.1 Beispiele für Anschlusscodierungen

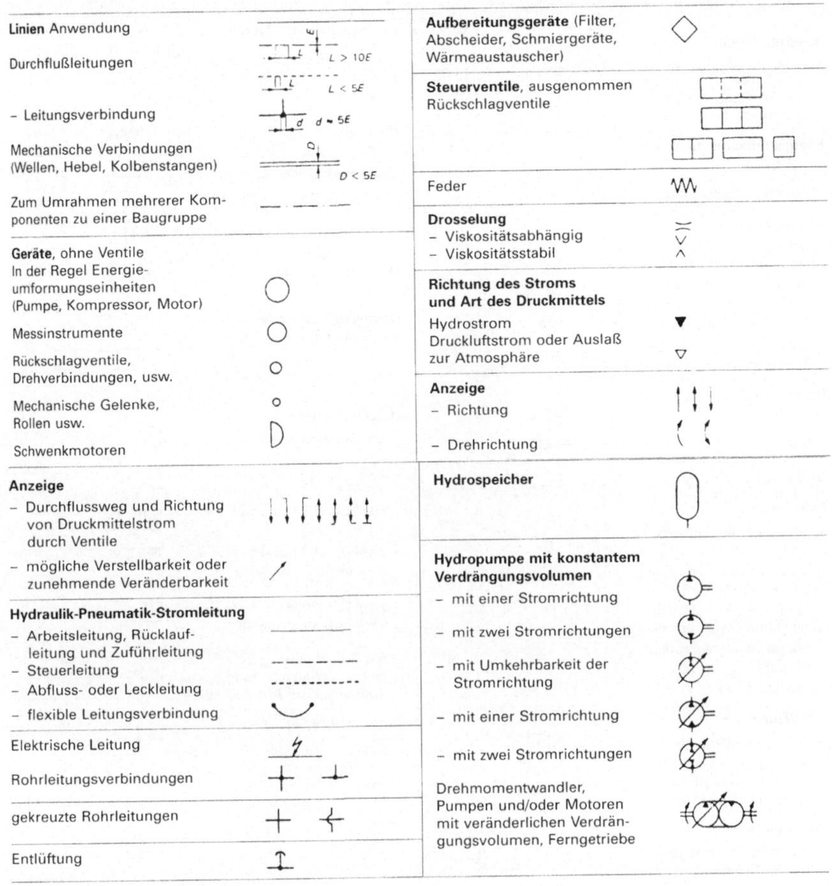

Linien Anwendung		**Aufbereitungsgeräte** (Filter, Abscheider, Schmiergeräte, Wärmeaustauscher)
Durchflußleitungen	$L > 10E$	
	$L < 5E$	**Steuerventile**, ausgenommen Rückschlagventile
– Leitungsverbindung	$d \approx 5E$	
Mechanische Verbindungen (Wellen, Hebel, Kolbenstangen)	$D < 5E$	
Zum Umrahmen mehrerer Komponenten zu einer Baugruppe		**Feder**
Geräte, ohne Ventile In der Regel Energieumformungseinheiten (Pumpe, Kompressor, Motor)		**Drosselung** – Viskositätsabhängig – Viskositätsstabil
Messinstrumente		**Richtung des Stroms und Art des Druckmittels** Hydrostrom Druckluftstrom oder Auslaß zur Atmosphäre
Rückschlagventile, Drehverbindungen, usw.		
Mechanische Gelenke, Rollen usw.		**Anzeige** – Richtung
Schwenkmotoren		– Drehrichtung
Anzeige – Durchflussweg und Richtung von Druckmittelstrom durch Ventile		**Hydrospeicher**
– mögliche Verstellbarkeit oder zunehmende Veränderbarkeit		
Hydraulik-Pneumatik-Stromleitung – Arbeitsleitung, Rücklaufleitung und Zuführleitung – Steuerleitung – Abfluss- oder Leckleitung		**Hydropumpe mit konstantem Verdrängungsvolumen** – mit einer Stromrichtung – mit zwei Stromrichtungen – mit Umkehrbarkeit der Stromrichtung
– flexible Leitungsverbindung		– mit einer Stromrichtung
Elektrische Leitung		– mit zwei Stromrichtungen
Rohrleitungsverbindungen		Drehmomentwandler, Pumpen und/oder Motoren mit veränderlichen Verdrängungsvolumen, Ferngetriebe
gekreuzte Rohrleitungen		
Entlüftung		

Fortsetzung s. nächste Seiten

Abb. 2.2 Pneumatische und hydraulische Symbole

Auslassöffnung		Einfachwirkender Zylinder	aus-führlich	ver-einfacht
– ohne Vorrichtung für einen Anschluss		Rückhub durch nicht näher bestimmte Kraft		
– mit Gewinde für einen Anschluss		Rückhub durch Feder		
Energieabnahmestelle		**Doppeltwirkender Zylinder**		
– mit Stopfen		– mit einfacher Kolbenstange		
– mit Einnahmeleitung		– mit zweiseitiger Kolbenstange		
Schnell-Kupplungen		Differenzialzylinder		
– Verbunden, ohne mechanisch öffnendes Rückschlagventil				
– Verbunden, mit mechanisch öffnenden Rückschlagventilen		**Darstellungmethode von Ventilen**		
– entkuppelt, mit offenem Ende				
– entkuppelt, durch federloses Rückschlagventil gesperrtes Ende			vereinfacht	
Drehverbindung		**Durchflusswege**		
– 1 Weg		– ein Durchflussweg		
– 3 Wege		– zwei gesperrte Anschlüsse		
Geräuschdämpfer		– zwei Durchflusswege		
Behälter		– zwei Durchflusswege und ein gesperrter Anschluss		
– offen, mit der Atmosphäre verbunden		– zwei Durchflusswege mit Verbindung zueinander		
– mit Rohrende über dem Flüssigkeitsspiegel		– ein Durchflussweg in Nebenschlussschaltung, zwei gesperrte Anschlüsse		
– mit Rohrende unterhalb des Flüssigkeitsspiegels				
– mit Rohrende von unten im Behälter				
– Druckbehälter				
2/2-Wegeventil		Temperaturregler		
– mit Handbetätigung				
– durch Druck betätigt (z. B. durch Druckbeaufschlagung) gegen eine Rückholfeder		Kühler		
3/2-Wegeventil		Vorwärmer		
– durch Druck betätigt, in beiden Richtungen				
– durch Elektromagneten betätigt, mit Rückholfeder		**Rotierende Welle**		
		– in einer Richtung		
4/2-Wegeventil	ausführlich	– in beiden Richtungen		
Durch Druck in beiden Richtungen betätigt mittels eines Vorsteuerventils (mit einem einfachwirkenden Elektromagneten und einer Rückholfeder)		Raste		
		Sperrvorrichtung		

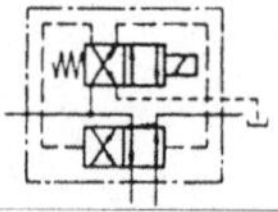

Fortsetzung s. nächste Seiten

Abb. 2.2 (Fortsetzung)

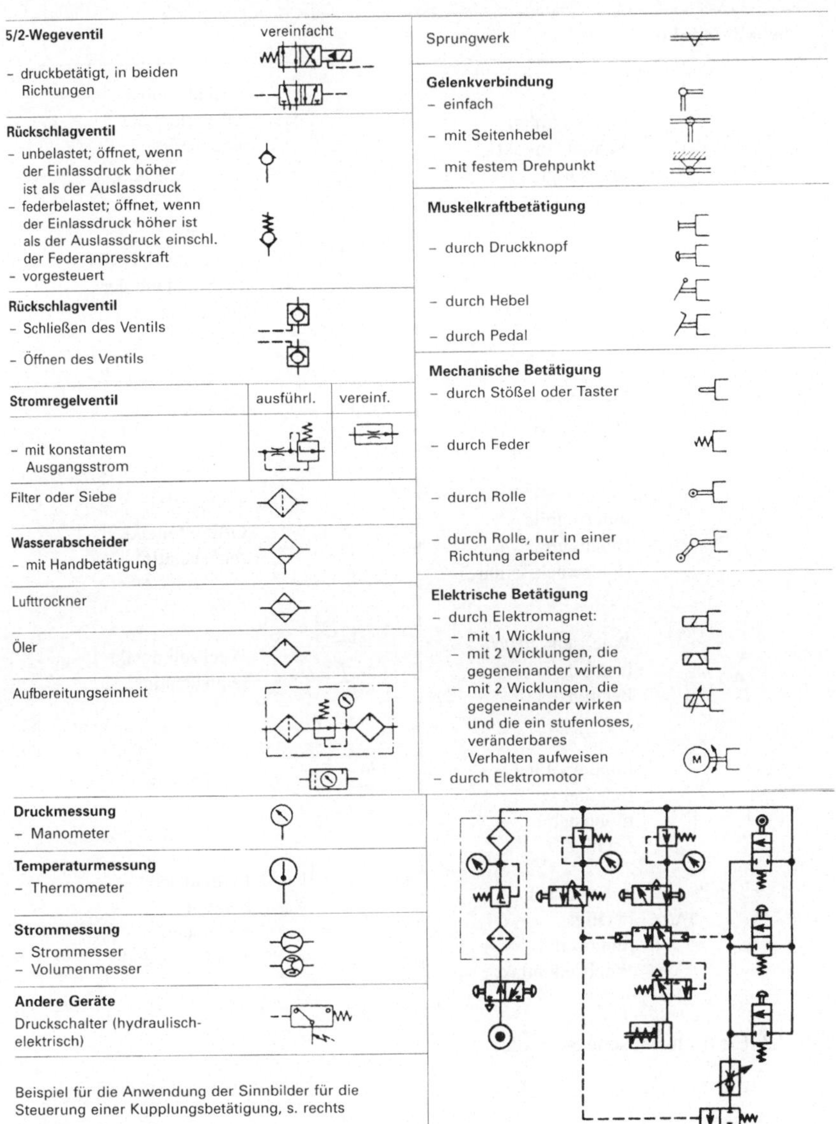

5/2-Wegeventil	vereinfacht
– druckbetätigt, in beiden Richtungen	

Rückschlagventil
- unbelastet; öffnet, wenn der Einlassdruck höher ist als der Auslassdruck
- federbelastet; öffnet, wenn der Einlassdruck höher ist als der Auslassdruck einschl. der Federanpresskraft
- vorgesteuert

Rückschlagventil
- Schließen des Ventils
- Öffnen des Ventils

Stromregelventil	ausführl.	vereinf.
– mit konstantem Ausgangsstrom		

Filter oder Siebe

Wasserabscheider
- mit Handbetätigung

Lufttrockner

Öler

Aufbereitungseinheit

Druckmessung
- Manometer

Temperaturmessung
- Thermometer

Strommessung
- Strommesser
- Volumenmesser

Andere Geräte
Druckschalter (hydraulisch-elektrisch)

Sprungwerk

Gelenkverbindung
- einfach
- mit Seitenhebel
- mit festem Drehpunkt

Muskelkraftbetätigung
- durch Druckknopf
- durch Hebel
- durch Pedal

Mechanische Betätigung
- durch Stößel oder Taster
- durch Feder
- durch Rolle
- durch Rolle, nur in einer Richtung arbeitend

Elektrische Betätigung
- durch Elektromagnet:
  - mit 1 Wicklung
  - mit 2 Wicklungen, die gegeneinander wirken
  - mit 2 Wicklungen, die gegeneinander wirken und die ein stufenloses, veränderbares Verhalten aufweisen
- durch Elektromotor

Beispiel für die Anwendung der Sinnbilder für die Steuerung einer Kupplungsbetätigung, s. rechts

Fortsetzung s. nächste Seite

Abb. 2.2 (Fortsetzung)

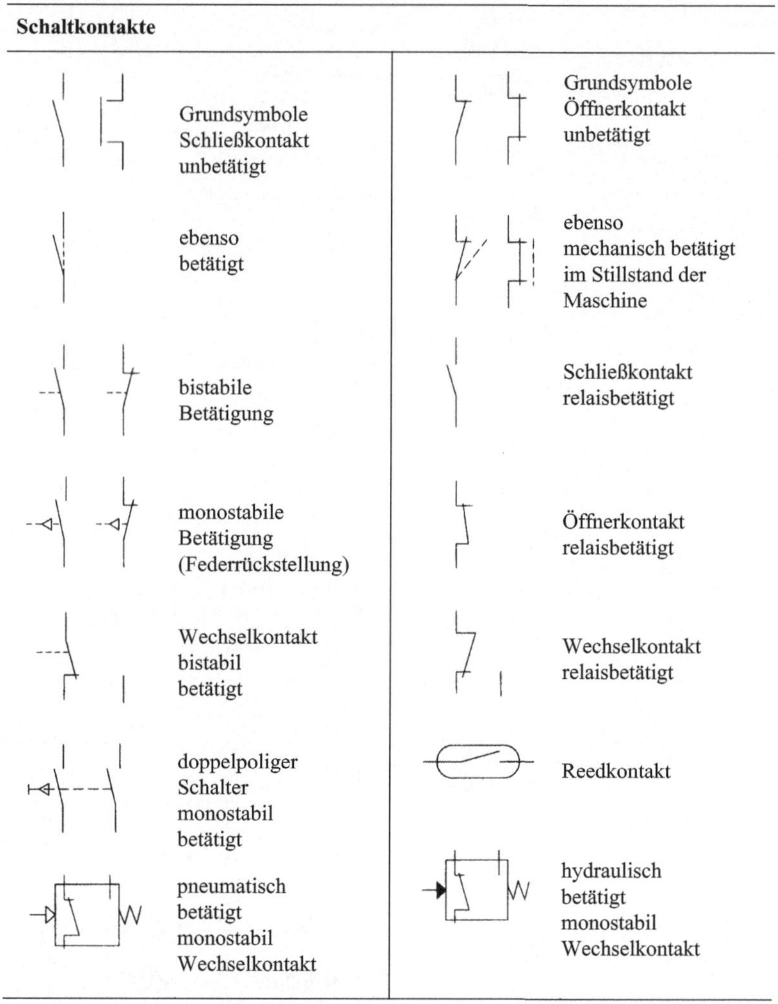

Schaltkontakte

Grundsymbole Schließkontakt unbetätigt	Grundsymbole Öffnerkontakt unbetätigt
ebenso betätigt	ebenso mechanisch betätigt im Stillstand der Maschine
bistabile Betätigung	Schließkontakt relaisbetätigt
monostabile Betätigung (Federrückstellung)	Öffnerkontakt relaisbetätigt
Wechselkontakt bistabil betätigt	Wechselkontakt relaisbetätigt
doppelpoliger Schalter monostabil betätigt	Reedkontakt
pneumatisch betätigt monostabil Wechselkontakt	hydraulisch betätigt monostabil Wechselkontakt

Abb. 2.3 Elektrotechnische Symbole

Betätigungen	Verschiedenes
Stift	Elektromotor
verzögert schließend	Diode
Rolle	Signallampe
Fuß Pedal	Relaisspule
Schlüssel	Spule von pneumatischem oder hydraulischem Steuerschieber
verzögert öffnend	
Hand	
Hebel	

Abb. 2.3 (Fortsetzung)

2.3 Schemata

Zeichnungsregeln *Pneumatische* Schemata:
- Informationsfluss von unten nach oben;
- Zeichnung im Ruhe- oder Einschaltzustand der Maschine;
- im Ruhezustand mechanisch betätigte Signalgeber der Maschine werden betätigt gezeichnet;
- aufteilen in drei übersichtliche von einander getrennte Teile (Signale, logische Steuerung und Antriebe).

Elektrische Stromkreisschemata:
- Zeichnung im Ruhe- oder Einschaltzustand der Maschine;
- Kontakte, die im Ruhezustand betätigt sind, werden auch betätigt gezeichnet;
- Zeichnung im spannungslosen Zustand, so dass Relaiskontakte stets im unbetätigten Zustand gezeichnet werden;
- nur elektrische Steuerungsanteile darstellen (also keine pneumatischen Ventile und dergleichen);
- Spule und Kontakte eines Relais getrennt voneinander zeichnen;
- Stromkreise von jeder Zeichnung mit festen Abständen zwischen den Phasen zeichnen ($+$ und 0 oder $+$ und $-$ oder L und N);
- alle ausführenden Organe wie Spulen, Lampen und dergleichen in dem unteren Bereich des Stromkreises zeichnen.

Logische Schemata:
- Informationsfluss von links nach rechts oder von oben nach unten;
- nur logische Funktionen und ihre Beziehungen zeichnen (also keine Spulen, Lampen und dergleichen);
- Symbolblöcke nur in der notwendigen Größe zeichnen;
- die Anzahl der Eingänge bei einer logischen Funktion ist unbegrenzt.

Beispiel

Ausgangspunkt ist Abb. 2.4, 2.5, 2.6 und 2.7 geben die Steuerungsschemata.

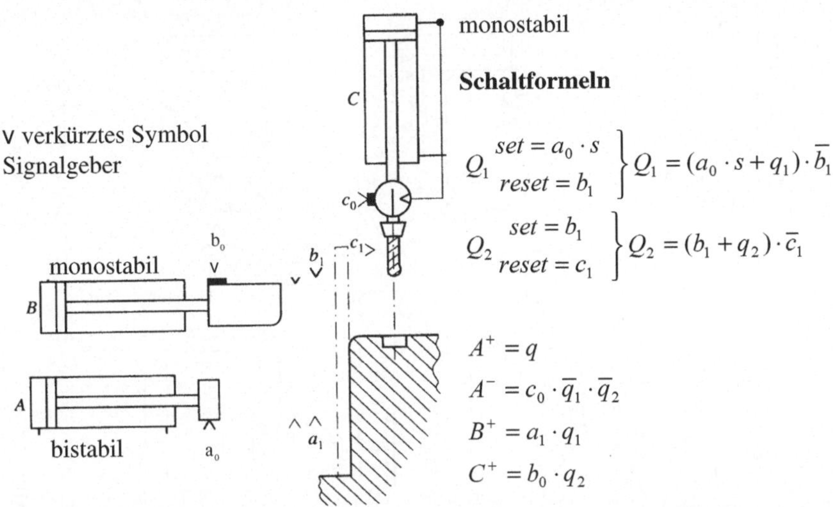

$$Q_1 \begin{matrix} set = a_0 \cdot s \\ reset = b_1 \end{matrix} \Big\} \; Q_1 = (a_0 \cdot s + q_1) \cdot \overline{b_1}$$

$$Q_2 \begin{matrix} set = b_1 \\ reset = c_1 \end{matrix} \Big\} \; Q_2 = (b_1 + q_2) \cdot \overline{c_1}$$

$$A^+ = q$$
$$A^- = c_0 \cdot \overline{q_1} \cdot \overline{q_2}$$
$$B^+ = a_1 \cdot q_1$$
$$C^+ = b_0 \cdot q_2$$

Abb. 2.4 Lageskizze und Schaltformeln einer Reihenschaltung von drei Zylindern

2.4   Sequenzielle Schaltungen

Sequenzielle Schaltungen Die Bewegungen der Ausführungsorgane verlaufen gemäß einem festen Muster (z. B. Verpackungsmaschinen).

W-S-T Diagramm Das *Weg-Signal-Zeit-Diagramm* ist eine grafische Wiedergabe der Bewegungen, Signale und Befehle einer Folgeschaltung bezüglich der Zeit (Abb. 2.8).

Ermittlung der Schaltformeln Bei der Ermittlung der *Schaltformeln* nach der „Schaltformel-Methode" gelten die folgenden Regeln:
- Notiere nach dem Befehl zuerst das primäre Signal (das Signal, das gerade „1" geworden ist);
- Ein primäres Signal, das nicht die richtige Länge hat, um als Befehl zu fungieren, kann entsprechend verkürzt werden durch eine hinzugefügte UND-Funktion oder verlängert werden durch ein anfüllendes Signal mit einer hinzugefügten ODER-Funktion;

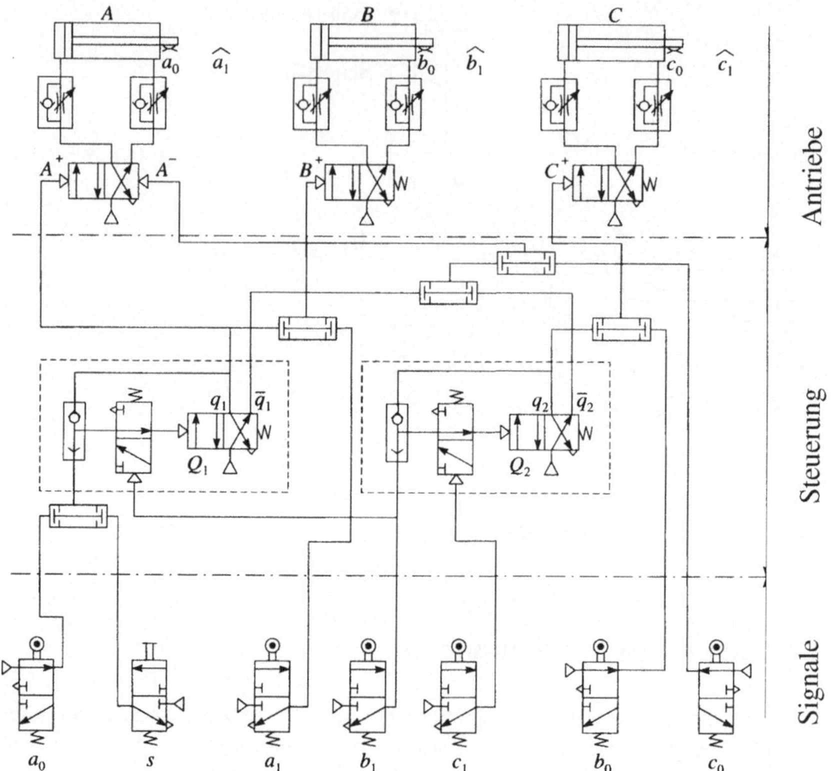

Abb. 2.5 Pneumatisches Schema für Abb. 2.4

- Extra Signale dienen dazu, die Folgebewegung in Gang zu setzen (Start s) und dem Zyklus besondere Bedingungen hinzuzufügen (z. B. die Bedingung, dass ein neuer Bewegungsschritt beginnen darf, wenn alle vorangegangenen Bewegungen ausgeführt wurden; siehe in Abb. 2.8 die Punkte auf der Zeitlinie 2 und die Schaltformel für T_0, wo das primäre Signal a_0 als extra Signal hinzugefügt ist);
- Nur das Startsignal darf im allgemeinen Einfluss auf die Zeitlinie 0 haben (das Signal kann dann einzig in Befehlen vorkommen, die an dieser Zeitlinie beginnen);
- Jeder Befehl wird mit einer minimalen Anzahl von Signalen ausgeführt;
- Bei bistabilen Bedienungsorganen dürfen sich der Plus- und der Minus-Befehl nicht überlappen;

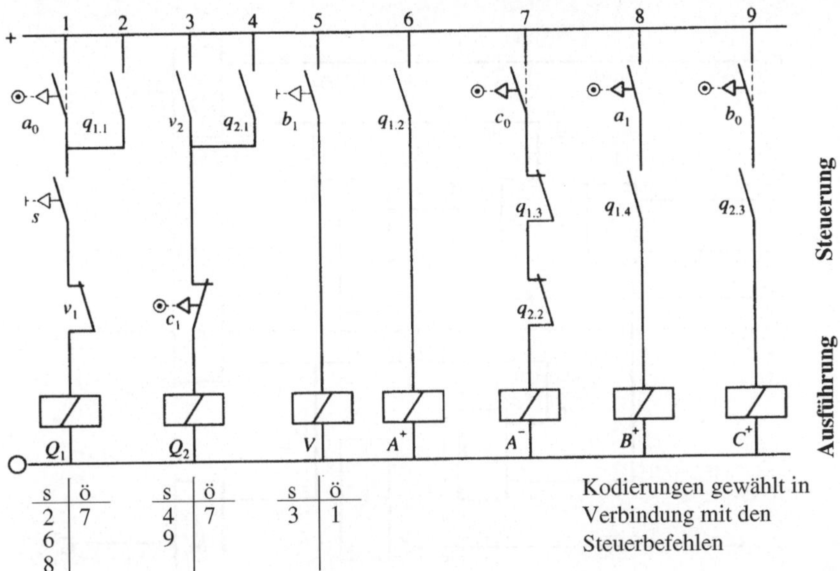

Abb. 2.6 Elektrisches Stromkreisschema von Abb. 2.4

- Wenn zur Zeitlinie 0 ein monostabiles Ausführungsorgan startet, ist ein Startspeicher notwendig;
- Wenn bei Betätigung des Notaus alle Ausführungsorgane in Ruheposition zurückkehren sollen, gelten folgende Regeln:
  - Mache monostabil bediente Ausführungsorgane von einem Speicher abhängig und setze diesen Speicher mit dem Notaus zurück (*reset dominant*);
  - Wenn der Plus-Befehl von einem bistabilen Befehl nicht von einem Speicher abhängig ist, dem Signal UND $\bar{n}$ zufügen;
  - Wenn der Minus-Befehl eines bistabilen Ausführungsorgans nicht von einem invertierten Speichersignal abhängig ist, dem Signal ODER n zufügen.

2.5 Speicherprogrammierbare Steuerung (SPS-Technik)

Allgemeines SPS sind Automatisierungsgeräte, vorzugsweise für den Einsatz bei prozess- und zeitgeführten Ablaufsteuerungen. Sie sind modulare, flexibel an die jeweilige Steuerungsaufgabe, hinsichtlich der hardwaremäßigen Konfigurie-

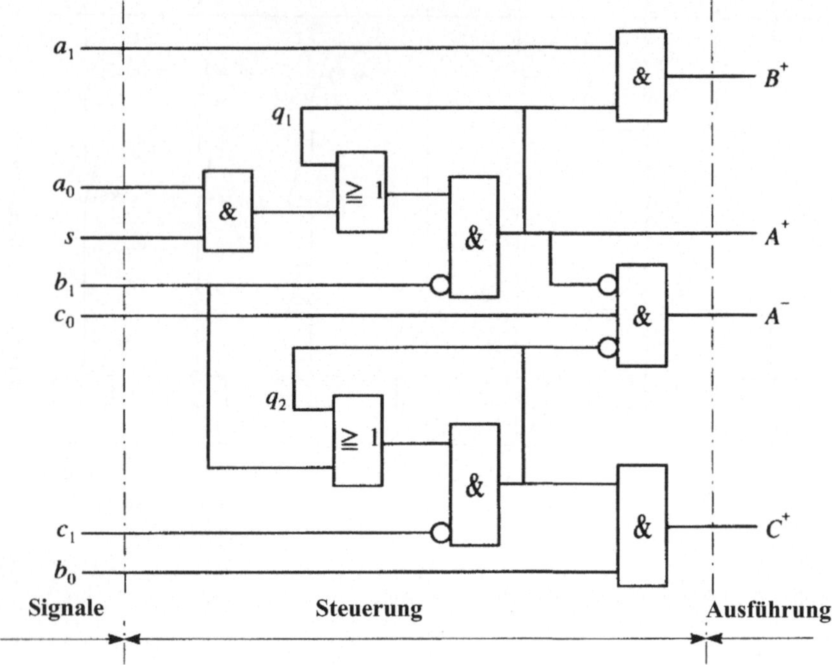

Abb. 2.7 Logisches Schema für Abb. 2.4

rung und der softwaremäßigen Ausführung der Steuerungsprogramme anpassbare Steuerungssysteme. Das Steuerungsprogramm befindet sich in einem in der Regel austauschbaren, programmierbaren Halbleiter-Nurlesespeicher.

Die SPS (Abb. 2.9) besteht im Kern aus:

- **Zentraleinheit**, die je nach Leistungsumfang als spezielles Hardwaresteuerwerk, als Bit- oder Wort-Prozessor oder auch als Mehrprozessoranordnung ausgeführt ist. Sie steuert die zyklische Bearbeitung des Steuerprogramms und führt dabei die Verknüpfungen, die arithmetischen und sonstigen Verarbeitungsoperationen aus. Als weiter Aufgaben wickelt sie den Datenaustausch zwischen Speichern, Verarbeitungseinheiten und diversen Interface-Einheiten ab. Diese Operationen laufen taktsynchron (synchrone Steuerung) ab.
- **Schreib-/Lesespeicher** für die Speicherung des Prozessabbildes, d. h. der Werte aller Ein- und Ausgabesignale der Steuerung, von Zwischenergebnissen,

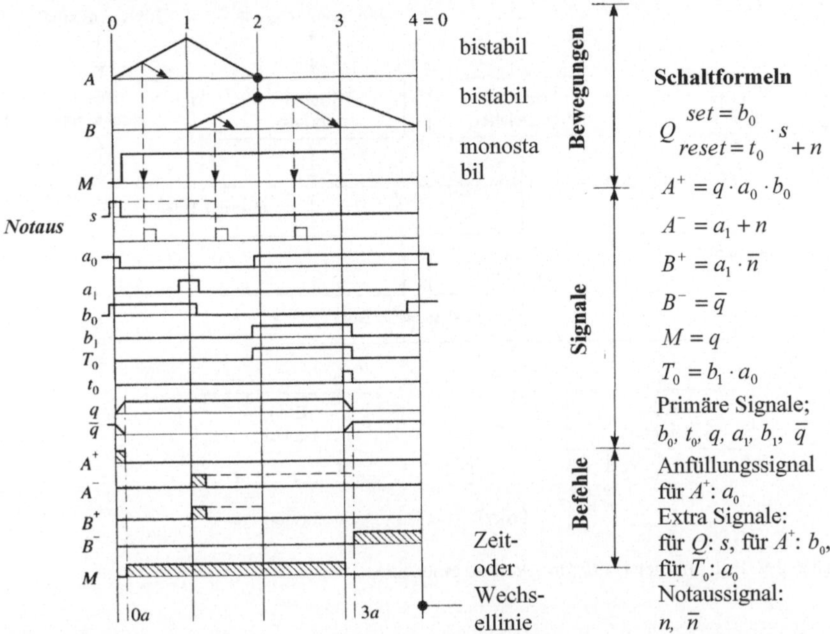

$$Q\begin{array}{l} set = b_0 \\ reset = t_0 \end{array} \cdot s + n$$

$$A^+ = q \cdot a_0 \cdot b_0$$

$$A^- = a_1 + n$$

$$B^+ = a_1 \cdot \overline{n}$$

$$B^- = \overline{q}$$

$$M = q$$

$$T_0 = b_1 \cdot a_0$$

Primäre Signale; b_0, t_0, q, a_1, b_1, $\overline{q}$

Anfüllungssignal für A^+: a_0

Extra Signale: für Q: s, für A^+: b_0, für T_0: a_0

Notaussignal: n, $\overline{n}$

Abb. 2.8 Weg-Signal-Zeit Diagramm für die Bewegung von zwei Zylindern und einem Motor

von Merkerinhalten usw., meistens als batteriegepufferter Halbleiterspeicher (**R**andom **A**ccess **M**emory, RAM) ausgeführt.

* **Nurlesespeicher**, der üblicherweise aus mit UV-Licht löschbaren EPROM-Bausteinen (**E**rasable **P**rogrammable **R**ead **O**nly **M**emory) oder aus elektrisch löschbaren EEPROM-Bausteinen (**E**lektrically **E**rasable **P**rogrammable **R**ead **O**nly **M**emory) aufgebaut ist. Dieser austauschbare Speicher ist in der Regel ausbaubar in Vielfachen von 1 kByte und dient der nichtflüchtigen Speicherung des Steuerungsprogramms.

* **Koppelinterface** für den Anschluss von **Ein-/Ausgabeeinheiten** zur Aufnahme der Eingangs- und Ausgangsschaltungen, die in Anzahl und Art bedarfsabhängig aufgerüstet werden können. Über diese Einheiten wird die Steuerung mit dem Prozess sowie den Bedien- und Beobachtungskomponenten verbunden. Der Anschluss der Ein-/Ausgabeeinheiten über das Koppelinterface an die Steuerung erfolgt durch parallele, bei manchen Systemen auch durch serielle Busverbindung (Ein-/Ausgabebus).

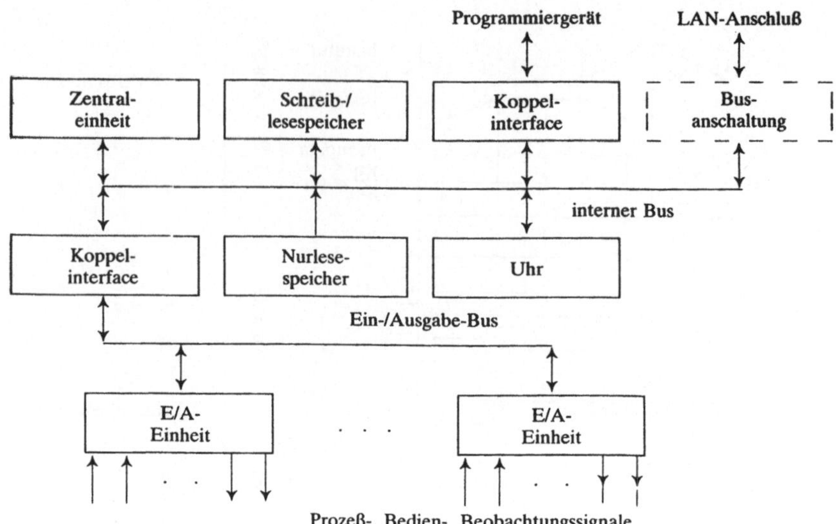

Abb. 2.9 Prinzipieller Hardware-Aufbau einer SPS

- **Koppelinterface** zum Anschluss eines **speziellen Programmier- und Testgerätes** für die Erstellung des Steuerungsprogramms, das Programmieren und gegebenenfalls Löschen des Nurlesespeichers und für die Inbetriebnahme der Steuerung, für Fehlersuche, Korrekturen, Erweiterungen sowie die Dokumentation des Steuerungsprogramms.
- **Busanschaltung** (Buskoppler) für die Vernetzung mehrerer SPS und gegebenenfalls weiterer Automatisierungs- und Leitgeräte ist in der Regel bei SPS für komplexe Steuerungsfunktionen und umfangsreiche Steuerungsaufgaben bedarfsabhängig einbaubar. Neben der Verwendung einfacher serieller Schnittstellen, wie z. B. V 24, RS 232 oder RS 422 finden firmenspezifische bitserielle Bussysteme und standardisierte lokale Netzwerke wie z. B. ETHERNET, MAP Anwendung.

Programmierung Die Programmierung der verschiedenen auf dem Markt befindlichen SPS erfolgt mit folgenden unterschiedlichen Prinzipien:

- Boole-Schaltformeln direkt eingeben;
- Programmieren über ein *Leiterdiagramm*(Abb. 2.10);

Bezeichnung	Kontaktsymbol	Funktion[*]
LD		Beginn einer Bearbeitung (NO-Kontakt); X, Y, M, S, T, C
LDI		Beginn einer Bearbeitung (NC-Kontakt); X, Y, M, S, T, C
OUT		Ausführungsbefehl, Ergebnis einer Bearbeitung; Y, M, S, T, C
AND		UND-Bearbeitung mit NO-Kontakt (Reihenschaltung); X, Y, M, S, T, C
ANI		UND-Bearbeitung mit NC-Kontakt (Reihenschaltung); X, Y, M, S, T, C
OR		ODER-Bearbeitung mit NO-Kontakt (Parallelschaltung); X, Y, M, S, T, C
ORI		ODER-Bearbeitung mit NC-Kontakt (Parallelschaltung); X, Y, M, S, T, C
ANB		Zusammenfügbefehl, Serienschaltung von Parallelbearbeitung
ORB		Zusammenfügbefehl, Parallelschaltung von Serienbearbeitung
MPS		Speichern eines Bearbeitungsergebnisses
MRD		Lesen eines Bearbeitungsergebnisses
MPP		Lesen und Löschen eines Bearbeitungsergebnisses
MC		Aktivieren einer gemeinschaftlichen Steuerungsbedingung; Y, M
MCR		Rücksetzen einer gemeinschaftlichen Steuerungsbedingung
SET		Aktivieren von Operanden; Y, M, S
RST		Rücksetzen von Operanden; Y, M, S. D, V, Z, C
PLS		Erzeugen von Plus bei aufsteigender Flanke; Y, M
PLF		Erzeugen von Plus bei abfallender Flanke; Y, M
NOP		Programmieren einer Leerzeile
END		Ende eines SPS-Programms

*) Symbolerläuterung: X = Eingangssignal, Y = Ausgangssignal, M = Speicher, S = Operand, T = Zeitgeber, C = Zähler, D = Datenspeicher, V = Indexspeicher, Z = Indexspeicher, NO = normal offen (Schließkontakt), NC = normal geschlossen (Öffnerkontakt)

Abb. 2.10 Basisbefehle für SPS

Tab. 2.2 Größencharakte-
risierung von SPS

Größe	Zahl der E/A-Signale	Funktionen	Zahl der Anweisungen
Klein	< 64	Logik	4 K
Mittel	< 1.000	Logik, Arithmetik, Kopplung	< 16 K
Groß	> 1.000	Logik, Arithmetik Grafik, Kopplung	> 16 K

Eine moderne Entwicklung ist die Programmierung der SPS über ein Programm auf einem PC. Es ist auch möglich, auf einem PC eine SFC (Sequenzielle Funktions Chart) einer Steuerung zu entwerfen, mit dem das SPS-Programm automatisch erzeugt wird.

Der Anschluss des SPS-Kerns an den Prozess über die Mess- und Steuergeräte sowie an die Einrichtungen zur Bedienung und Beobachtung erfolgt über die Eingangs- und Ausgangsschaltungen in den E/A-Einheiten. Für die aufgabenabhängige Ausstattung der E/A-Einheiten stehen in der Regel für einfache analoge, binäre und digitale Ein-/Ausgangssignale und komplexere Anschaltungen mit Verarbeitungsfunktionen z. B. Zähl- und Zeitfunktionen, Regelungsfunktionen zur Auswahl. Gemessen am zulässigen Ausbau der SPS mit E/A-Einheiten und zugehörigen Baugruppen, also der Zahl der anschließbaren Ein-/Ausgabesignale, werden SPS nach Größenklassen eingeteilt (Tab. 2.2).

Neben Ausbaubarkeit und Größe der SPS sind weitere wichtige Kenngrößen die Bearbeitungszeit der Steueranweisung, die bei Werten zwischen 1 und 50 ms für 1.000 Anweisungen liegt, und die Reaktionszeit, d. h. die Zeit zwischen dem Erkennen einer Signaländerung am Eingang und einer Durchschaltung auf einen Ausgang. Hier werden Zeiten von 2 µs in Sonderfällen und typisch 0,5 ms bis 20 ms angegeben.

Die Programmierung der SPS bzw. des Nurlesespeichers erfolgt mit speziellen Programmiergeräten. Sie werden für die Programmerstellung, -fehlersuche, -korrektur und -dokumentation, bei der Inbetriebnahme für Tests an der Anlage, für Speichern oder Löschen des Programms im Nurlesespeicher benötigt. Für den Steuerungsbetrieb nach der Fertigstellung des Programms ist das Programmiergerät wieder für neue, andere Programmieraufgaben verfügbar.

Die Programmerstellung erfolgt im einfachsten Falle in der Form der Anweisungsliste, die in mnemotechnischer und/oder mathematischer Darstellung die einzelnen Steuerungsanweisungen in der Reihenfolge der Bearbeitung enthält. Die Steuerungsanweisung ist dabei die kleinste Programmeinheit. Sie besteht aus Ope-

Tab. 2.3 Übersicht über die Bestellkriterien einer SPS

Kosten eines Minimalsystems	Zykluszeit der SPS
Kosten der Programmiereinheit	Möglichkeiten für PID-Regelung
Anzahl digitaler Eingänge	Serielle Kommunikation mit Computer
Anzahl digitaler Ausgänge	Möglichkeit für hierarchisches Arbeiten
Anzahl analoger Eingänge	Programmiersprache
Anzahl analoger Ausgänge	Rechenmöglichkeiten
Spannungsniveau der Eingänge und Ausgänge	Speicherumfang
Abstand der I/O-Module von der SPS Anzahl der Zeitgeber Anzahl der Zähler	Nutzerfreundlichkeit

rationsteil und Operandenteil. Neben der Anweisungsliste sind auch graphische Programmerstellung in der Form des Funktionsplans, des Kontaktplans oder als Steuergraph eingeführt. Eine weitere Art für die Erstellung des Steuerungsprogramms sind Tabellentechniken für die Festlegung der Eingangssignalverknüpfungen und der Ausgangssignalzuordnung.

Kriterien für eine SPS sind in Tab. 2.3 aufgeführt.

Abbildung 2.11, 2.12 und 2.13 zeigen Programmierbeispiele. Abbildung 2.14, 2.15 und 2.16 geben Anwendungsmöglichkeiten.

Programmierbeispiele

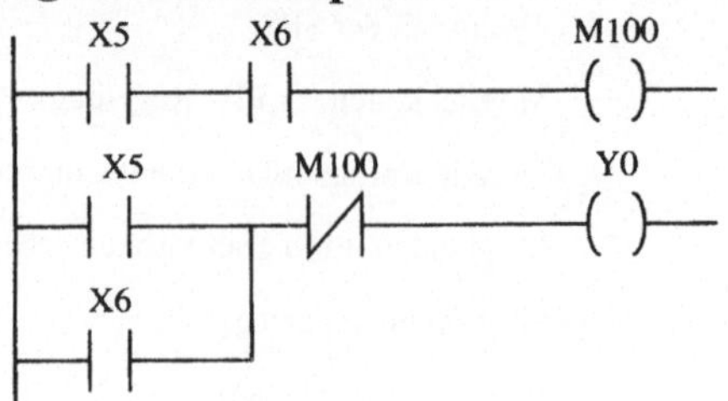

Zeile	Befehl	Adresse
0	LD	X5
1	AND	X6
2	OUT	M100
3	LD	X5
4	OR	X6
5	ANI	M100
6	OUT	Y0
7	END	

Abb. 2.11 Programm aus Leiterdiagramm

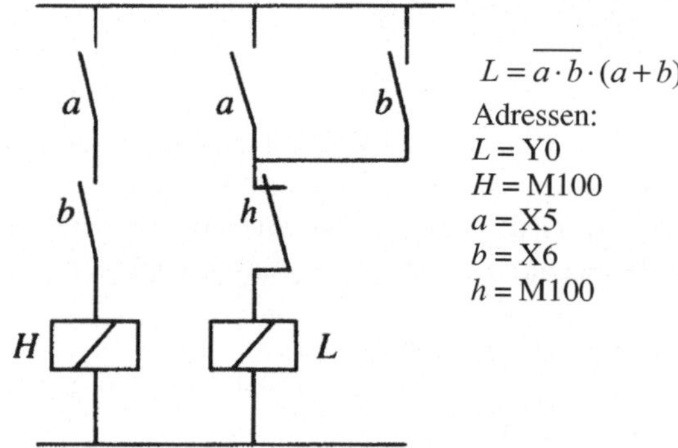

$$L = \overline{a \cdot b} \cdot (a + b)$$

Adressen:
$L = Y0$
$H = M100$
$a = X5$
$b = X6$
$h = M100$

Zeile	Befehl	Adresse
0	LD	X5
1	AND	X6
2	OUT	M100
3	LD	X5
4	OR	X6
5	ANI	M100
6	OUT	Y0
7	END	

Abb. 2.12 Programm aus Stromkreisschema

$$Q\genfrac{}{}{0pt}{}{set = b_0 \cdot a_0 \cdot s}{reset = a_1}$$

$$Q = (a_0 \cdot b_0 \cdot s \cdot q) \cdot \overline{a_1}$$

$$A^+ = q$$

$$B^+ = a_1$$

$$B^- = a_0 \cdot b_1$$

Zeile	Befehl	Adresse	Erläuterung
0	LD	X1	lade a_0
1	AND	X3	$\cdot\quad b_0$
2	AND	X0	$\cdot\quad s$
3	OR	M100	+ speichern (übernehmen)
4	ANI	X2	$\cdot\quad \overline{a_1}$
5	OUT	M100	= Speicher
6	LD	M100	lade Speicher
7	OUT	Y0	$= A^+$
8	LD	X2	lade a_1
9	OUT	Y1	$= B^+$
10	LD	X1	lade a_0
11	AND	X4	$\cdot\quad b_1$
12	OUT	Y2	$= B^-$
13	END		Programmende

Abb. 2.13 Programm aus Schaltformeln

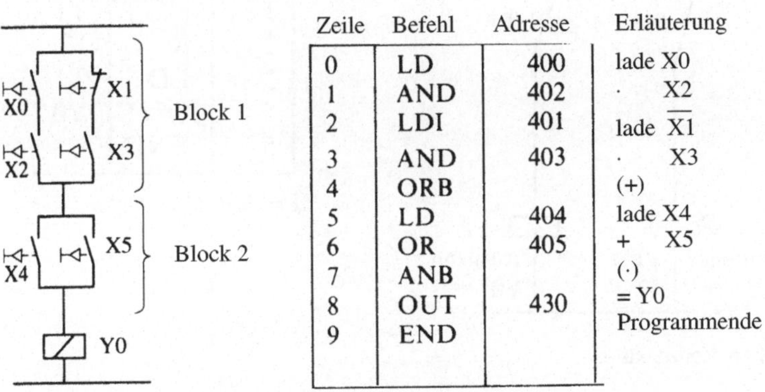

Zeile	Befehl	Adresse	Erläuterung
0	LD	400	lade X0
1	AND	402	$\cdot\quad$ X2
2	LDI	401	lade $\overline{X1}$
3	AND	403	$\cdot\quad$ X3
4	ORB		(+)
5	LD	404	lade X4
6	OR	405	+ X5
7	ANB		$(\cdot)$
8	OUT	430	= Y0
9	END		Programmende

Abb. 2.14 Anwenden von ODER-Block und UND-Block

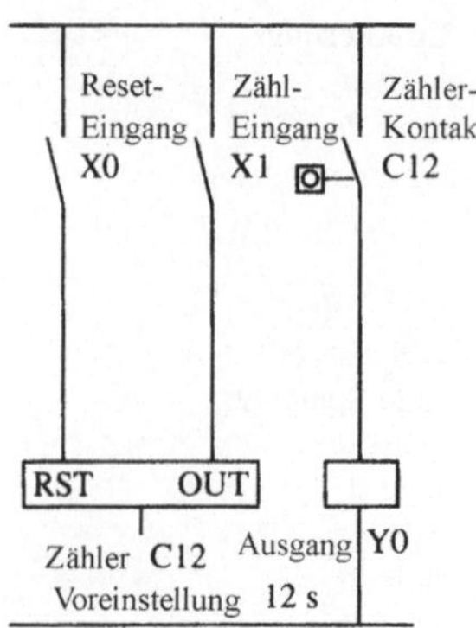

Zeile	Befehl	Adresse
0	LD	X0
1	RST	C12
2	LD	X1
3	OUT	C12
4	K	12
5	LD	C12
6	OUT	Y0
7	END	

K = Anzahl

Abb. 2.15 Zählfunktion

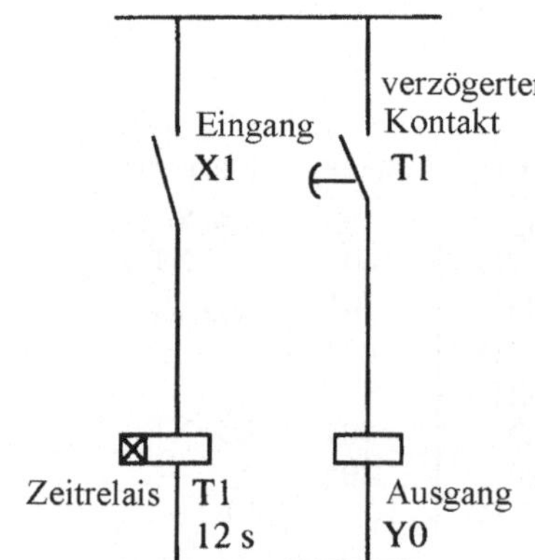

Zeile	Befehl	Adresse
0	LD	X1
1	OUT	T1
2	K	12
3	LD	T1
4	OUT	Y0
5	END	

K = Zeit [s]

Abb. 2.16 Zeitfunktion

Was Sie aus diesem Essential mitnehmen können

- Normen der Steuerungstechnik
- Symbole der Steuerungstechnik (pneumatisch, hydraulisch, elektrotechnisch)
- Erstellen von Steuerungsschemata (pneumatisch, elektrisch, logisch)
- Sequenzielle Schaltung (Weg-Signal-Zeit-Diagramm, Schaltformeln)
- Speicherprogrammierbare Steuerung (SPS), Aufbau und Programmierung

© Springer Fachmedien Wiesbaden 2014
B. Schröder, *Steuerungstechnik für Ingenieure,* essentials,
DOI 10.1007/978-3-658-06643-7

Literatur

Hering, E., und B. Schröder. 2013. *Springer Ingenieurtabellen.* Berlin: Springer-Verlag.

© Springer Fachmedien Wiesbaden 2014
B. Schröder, *Steuerungstechnik für Ingenieure,* essentials,
DOI 10.1007/978-3-658-06643-7